BEI GRIN MACHT SICH IHR WISSEN BEZAHLT

- Wir veröffentlichen Ihre Hausarbeit, Bachelor- und Masterarbeit

- Ihr eigenes eBook und Buch - weltweit in allen wichtigen Shops

- Verdienen Sie an jedem Verkauf

Jetzt bei www.GRIN.com hochladen und kostenlos publizieren

Anonym

**"Wieviel Stoff braucht Charlotte?" Herleitung einer
Formel zur Berechnung der Oberfläche eines Quaders**

GRIN Verlag

Bibliografische Information der Deutschen Nationalbibliothek:

Die Deutsche Bibliothek verzeichnet diese Publikation in der Deutschen National-bibliografie; detaillierte bibliografische Daten sind im Internet über http://dnb.d-nb.de/ abrufbar.

Impressum:

Copyright © 2014 GRIN Verlag GmbH
Druck und Bindung: Books on Demand GmbH, Norderstedt Germany
ISBN: 978-3-656-96478-0

Dieses Buch bei GRIN:

http://www.grin.com/de/e-book/299914/wieviel-stoff-braucht-charlotte-herleitung-einer-formel-zur-berechnung

GRIN - Your knowledge has value

Der GRIN Verlag publiziert seit 1998 wissenschaftliche Arbeiten von Studenten, Hochschullehrern und anderen Akademikern als eBook und gedrucktes Buch. Die Verlagswebsite www.grin.com ist die ideale Plattform zur Veröffentlichung von Hausarbeiten, Abschlussarbeiten, wissenschaftlichen Aufsätzen, Dissertationen und Fachbüchern.

„Wieviel Stoff braucht Charlotte?"

–

Herleitung einer Formel zur Berechnung der Oberfläche eines Quaders

1. Analyse der Unterrichtseinheit

1.1. Didaktische Analyse

Werden geometrische Körper in der Mittelschule behandelt, so spielt die räumliche Vorstellungskraft die entscheidende Rolle. Der Schüler ist ständig mit Dreidimensionalität konfrontiert und verwechselt die Begriffe Oberfläche und Volumen, analog zu Flächeninhalt und Flächenumfang[1]. Ohne Anschauung ist der Schüler überfordert und schafft es nicht, die arithmetische Darstellung geometrischer Inhalte zu durchdringen und korrekt anzuwenden. Die Abstraktion ist als Endform zu betrachten, die erst nach fundierter Erarbeitung erreicht werden kann, nämlich dann, wenn zunehmende Sicherheit des formenkundlichen Wissens erreicht wurde.

Körpernetze haben für die Berechnung des Oberflächeninhalts eine herausragende Bedeutung[2], da die Arbeit an Körpernetzen immer auf die Arbeit mit dem Flächeninhalt eines Körpers abzielt und eine Beziehung zwischen Körper und Netz hergestellt wird. Durch die Netzdarstellung wird der dreidimensionale Körper in die Zweidimensionalität überführt. Dieser Vorgang des Aufschneidens muss auch praktisch ausgeführt werden, damit der Schüler es konkret nachvollziehen kann. Den umgekehrten Ablauf kennt er von Bastelbögen. Diese Methoden sind bereits als Vorübungen und Vorwissen vorauszusetzen, um sich der Berechnung des Oberflächeninhalts nähern zu können. Leutenbauer[3] empfiehlt allgemein

- die Förderung der *räumlichen Vorstellungskraft* durch ausgedehnte formenkundliche Betrachtungen an Körpern,
- *Modellerfahrungen im tätigen Bereich* durch Herstellen von Körpermodellen nach verschiedensten Angaben,
- *Orientierung auf der Oberfläche des Körpers* durch genaue Analyse der beteiligten Einzelflächen und ihrer Lage zueinander
- *Zeichnerische Fähigkeiten* durch ständige Übertragung gedanklicher Arbeit in eine grafische Form
- *Exakte Kenntnis des Körpers* durch formenkundliche Einzelarbeit am betroffenen Körper
- *Geometrische Grundkenntnisse* durch permanente Wiederholung der stofflichen Voraussetzungen aus früheren Jahren.

Wie bereits konstatiert wird diese Stunde vorentlastet, da die entsprechenden praktische Tätigkeiten (konkret-enaktives Handeln), instrumentellen Fertigkeiten (Zeichnen, Färben) und kognitiven Fähigkeiten (Kenntnis der Fachtermini) im Vorfeld

---

[1] Leutenbauer, H. (1997): Das praktische Handbuch für den Mathematikunterricht der 5. Bis 10. Jahrgangsstufe. Band 2 Geometrie. Auer Verlag. Donauwörth. S.202ff.
[2] Ebd. S.213ff.
[3] Ebd. S.214

durchgeführt wurden und somit ein Rückgriff auf diese Vorerfahrungen erfolgen kann.

Um den Schülern Sicherheit zu geben, wird dieses Wissen im Rahmen der Kopfgeometrie aktiviert. Durch das Erleben von Erfolg wirkt der Einstieg in die Stunde zudem motivierend. Inhaltlich bildet die Kopfgeometrie ein Fundament der Unterrichtseinheit, da Netze von Quadern thematisiert werden. Gezielt wird das Gespräch auf wesentliche Aspekte, wie das Faktum, dass gegenüberliegende Flächen am Quader gleich groß sind und dass die Flächen des Quaders Rechtecke sind, gelenkt.

Im Anschluss wird ein Problem dargeboten: Ein Mädchen namens Charlotte hat zu ihrem Geburtstag einen Sitzquader (der fälschlich als „Sitzwürfel" deklariert wurde) geschenkt bekommen. Diesen möchte sie, da ihr die Farbe nicht gefällt, mit Stoff überziehen lassen. Die Schüler sollen die Stundenfrage formulieren: „Wieviel Stoff braucht Charlotte?" (oder gleichwertige Formulierungen). Diese wird im Anschluss durch die Lehrkraft an der Tafel notiert, während die Schüler währenddessen bereits leise dir Arbeitsaufträge lesen.

Da nur ein Sitzquader vorhanden ist, kann dieser noch nicht nachgemessen werden, da es sonst zu Bevorzugungen und Benachteiligungen im Sozialgefüge kommen würde. Die Erarbeitung erfolgt paarweise (hier ist die Aktivität der Schüler hoch und der individuellen Sozialstruktur im Klassengefüge wird Rechnung getragen) mit kleinen quaderförmigen Salzpackungen (Lebensweltbezug; Mathematisierung des Alltags). Die Formulierung der Arbeitsaufträge zielt darauf ab, dass die Schüler gleich große Flächen als solche erkennen, die Oberfläche als Fläche wahrnehmen und Rückgriffe auf die bekannte Formel zur Berechnung des Flächeninhalts eines Rechtecks nehmen. Zur visuellen Unterstützung werden verschiedene Farben verwendet. Der Schwerpunkt dieser Phase liegt im enaktiv-konkreten Bereich entsprechend der Artikulation nach Bruner („E-I-S-Schema"). Die Arbeitsaufträge werden vom Schüler in eigenen Worten wiedergegeben. Zur Differenzierung liegen Aufgaben bereit. Die Arbeitsphase wird durch ein akustisches Signal eingeleitet und beendet.

Nach Beendigung der ersten Arbeitsphase erfolgt eine Teilsicherung an der Tafel bzw. ein Unterrichtsgespräch. Dabei werden die Quadernetze der Salzpackung sowie des Sitzquaders an die Tafel geheftet.

Durch die Demonstration eines Schülers wird nochmals gezeigt, dass es sich tatsächlich um den Aufriss des Sitzquaders handelt und das Netz die Oberfläche repräsentiert. Im Anschluss wird das Netz im Maßstab 1:5 auf ein weiteres Arbeitsblatt fixiert (diese ABs liegen umgedreht bereit). Die grafische Illustration entspricht dem zweiten Erarbeitungsschritt nach Bruner.

Im dritten Teil der Erarbeitung sollen die Schüler die praktisch und instrumentell gewonnen Erkenntnisse in eine allgemeine Form überführen. Dies entspricht der symbolischen Phase nach Bruner. Zur Visualisierung liegen Wortkarten bereit, die an der Tafel fixiert werden.

Wichtig ist in dieser Phase, dass es nicht um das Auswendiglernen einer Formel geht! Im Vordergrund steht die Einsicht, dass sich die Oberfläche des Quaders aus einzelnen Flächen zusammensetzt, von denen beim Quader jeweils drei Flächen „doppelt" vorkommen (nämlich die gegenüberliegenden Seiten).

In der Sicherungsphase geben die Schüler den Ablauf der heutigen Stunden wieder und äußern ihren Lernzuwachs. Als Methode findet die Meldekette Anwendung.

Im Transfer sollen die Schüler eine weitere Aufgabe mit Lebensweltbezug selbstständig lösen und die gewonnenen Erkenntnisse erproben.

2. Zielsetzung

2.1. Lehrplanbezug

6.3.2 Volumen und Oberfläche von Würfel und Quader

Indem die Schüler mit Einheitswürfeln Rauminhalte messen und die Flächenformen an den Körpern analysieren, gewinnen sie eine Vorstellung der Begriffe Oberfläche und Volumen. Vielfältige Erfahrungen beim Messen und Vergleichen von Rauminhalten sowie von Oberflächen erleichtern ihnen das selbstständige Finden von Berechnungsmöglichkeiten.

2.2. Darstellung der Lernsequenz

UE 1: Was ist eine Oberfläche? Was ist ein Netz?

UE 2: Wie kann ich die Oberfläche eines Quaders berechnen?

UE 3: Wir berechnen die Oberfläche von Quadern!

UE 4: Wie kann ich die Oberfläche eines Würfels berechnen?

UE 5: Wie berechnen die Oberfläche von Würfeln und Quadern.

UE 6: Was ist das Volumen eines Körpers?

UE 7: Wie kann ich das Volumen eines Würfels berechnen?

UE 8: Wir berechnen das Volumen von Würfeln!

UE 9: Wir berechnen das Volumen von Quadern!

UE 10: Wir rechnen cm^3 in dm^3 und in m^3 um!

UE 11: Operationale Durcharbeitung

UE 12: Probe

2.3. Lernziele

Grobziel:

Die Schüler sollen die Formel zur Berechnung der Oberfläche von Quadern erarbeiten und anwenden.

Feinziele:

Die Schüler sollen

- durch enaktives Handeln eine begriffliche Vorstellung von der Oberfläche eines Quaders aufbauen.
- durch Messen, Zeichnen und Berechnen die mathematische Ableitung der Formel
  $O = 2 \cdot a \cdot b + 2 \cdot a \cdot c + 2 \cdot b \cdot c$ selbstständig erarbeiten und nachvollziehen.
- die Formel anwenden und auf andere Beispiele ausweiten können.

3. Geplanter Unterrichtsverlauf

Artikulations-Stufe	Methoden/ Medien	Sozialform	L-S-Interaktion
Aktivierung des Vorwissens/ Kopfgeometrie-phase	OHP	EA	Kopfgeometrie zu Netzen von Quadern.
		Plenum	Anschließende Besprechung; Gespräch wird auf wesentliche Merkmale gelenkt: - beim Quader sind die gegenüberliegenden Flächen gleich groß - jeder Quader hat sechs Flächen - die Oberfläche ist tatsächlich eine Fläche, hat also zwei Raumdimensionen
Problem-stellung	„Sitzwürfel"	Plenum	L breitet Problem aus: Charlotte hat diesen Sitzquader geschenkt bekommen und möchte ihn mit Stoff überziehen lassen.
Zielangabe	Tafel	Plenum	SuS formulieren Zielangabe: „Wieviel Stoff braucht Charlotte?" L notiert Zielangabe an Tafel. Währenddessen lesen die SuS ihre Arbeitsaufträge leise.
Erarbeitung I = enaktiv-konkrete Phase	AB 1	GA	Die Erarbeitung erfolgt paarweise mit kleinen quaderförmigen Verpackungen (Salz). Die Formulierung der Arbeitsaufträge zielt darauf ab, dass die Schüler gleich große Flächen als solche erkennen, die Oberfläche als Fläche wahrnehmen und Rückgriffe auf die bekannte

			Formel zur Berechnung des Flächeninhalts eines Rechtecks nehmen. Zur visuellen Unterstützung werden verschiedene Farben verwendet. Zur Differenzierung liegen Aufgaben bereit. Die Arbeitsphase wird durch ein akustisches Signal eingeleitet und beendet. Die AA werden vom S in eigenen Worten wiederholt.
Teilsicherung I	Tafel	Plenum	Nach Beendigung der ersten Arbeitsphase erfolgt eine Teilsicherung an der Tafel bzw. ein Unterrichtsgespräch. Dabei wird das Quadernetz des Sitzquaders an die Tafel geheftet.
Erarbeitung II = ikonisch- graphische Phase	AB 2	GA	Durch die Demonstration eines Schülers wird nochmals gezeigt, dass es sich tatsächlich um den Aufriss des Sitzquaders handelt und das Netz die Oberfläche repräsentiert. Im Anschluss wird das Netz im Maßstab 1:5 auf ein weiteres Arbeitsblatt fixiert (diese ABs liegen in einer zweiten Mappe bereit).
Teilsicherung II	Tafel	Plenum	Die Ergebnisse werden an der Tafel fixiert.
Erarbeitung III =symbolische Phase	AB 3	GA	Im dritten Teil der Erarbeitung sollen die Schüler die praktisch und instrumentell gewonnen Erkenntnisse in eine allgemeine Form überführen.
Teilsicherung III	Tafel	Plenum	Die Ergebnisse werden an der Tafel fixiert.
Sicherung		Melde- kette	Alle Schüler verbalisieren einen Teil ihres Lernzuwachses.
Transfer	OHP		Im Transfer sollen die Schüler eine weitere Aufgabe mit Lebensweltbezug selbstständig lösen und die gewonnenen Erkenntnisse erproben.

4. Unterrichtsmaterialien

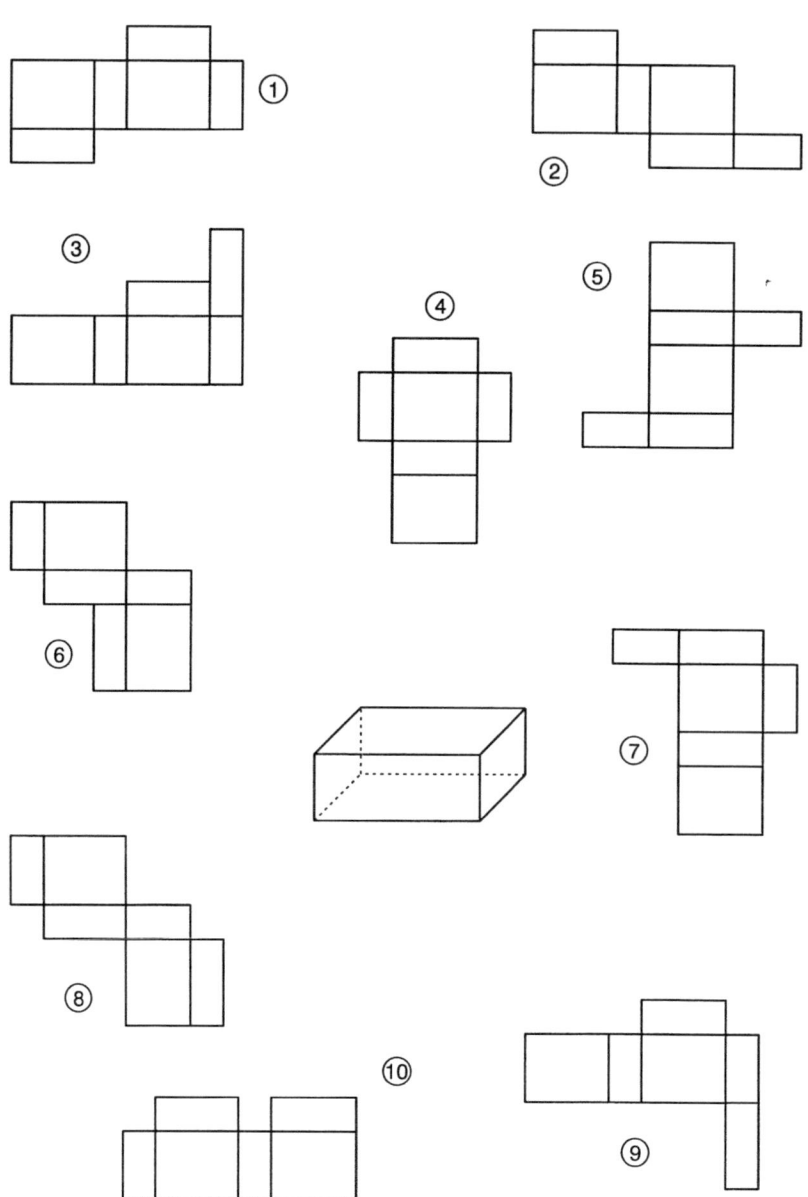

1. Du hast verschiedene Papierbögen zur Verfügung.
   Fertige daraus **ein Netz**, das zu der Salzverpackung passt.
   Achte darauf, dass _**gleich große Seiten**_ in der _**gleichen Farbe**_ dargestellt werden!

1. Du hast verschiedene Papierbögen zur Verfügung.
   Fertige daraus **ein Netz**, das zu der Salzverpackung passt.
   Achte darauf, dass _**gleich große Seiten**_ in der _**gleichen Farbe**_ dargestellt werden!

Du hast verschiedene Papierbögen zur Verfügung. **Fertige** daraus **ein Netz**, das zu dem „Sitzwürfel" passt. Du kannst den Meterstab zur Hilfe nehmen. Achte darauf, dass _**gleich große Seiten**_ in der _**gleichen Farbe**_ dargestellt werden!

Erste-Hilfe-Station

Hier findest du die notwendigen Einzelteile, um ein passendes Netz zu erstellen. Verwende diese Teile, um das Netz zu fertigen!

2. Zeichne das Quadernetz des „Sitzwürfels" auf das große AB (Größe DIN A3). Verwende den Maßstab 1:5!
   a= 37cm b= 37,5cm c= 40,5cm
   Male gleich große Flächen in der gleichen Farbe an!

2. Zeichne das Quadernetz des „Sitzwürfels" auf das große AB (Größe DIN A3). Verwende den Maßstab 1:5!
a= 37cm b= 37,5cm c= 40,5cm
Male gleich große Flächen in der gleichen Farbe an!

2. Zeichne das Quadernetz des „Sitzwürfels" auf das große AB (Größe DIN A3). Verwende den Maßstab 1:5!
a= 37cm b= 37,5cm c= 40,5cm
Male gleich große Flächen in der gleichen Farbe an!

2. Zeichne das Quadernetz des „Sitzwürfels" auf das große AB (Größe DIN A3). Verwende den Maßstab 1:5!
a= 37cm b= 37,5cm c= 40,5cm
Male gleich große Flächen in der gleichen Farbe an!

Beschrifte die Zeichnung korrekt! (A, B, C, D, usw. a, b, c, d. usw.)

Erste-Hilfe-Station

„in echt"	Auf dem Papier
a= 37cm	= 7,4cm
b= 37,5cm	= 7,5cm
c= 40,5cm	= 8,1cm

3. Löse die Aufgabe auf rechnerischem Weg! Stelle Deinen Lösungsweg so dar, dass ihn die Mitschüler gut nachvollziehen können. Verwende dabei die Fachbegriffe für den Flächeninhalt (A) und für das Flächenmaß (cm^2)!

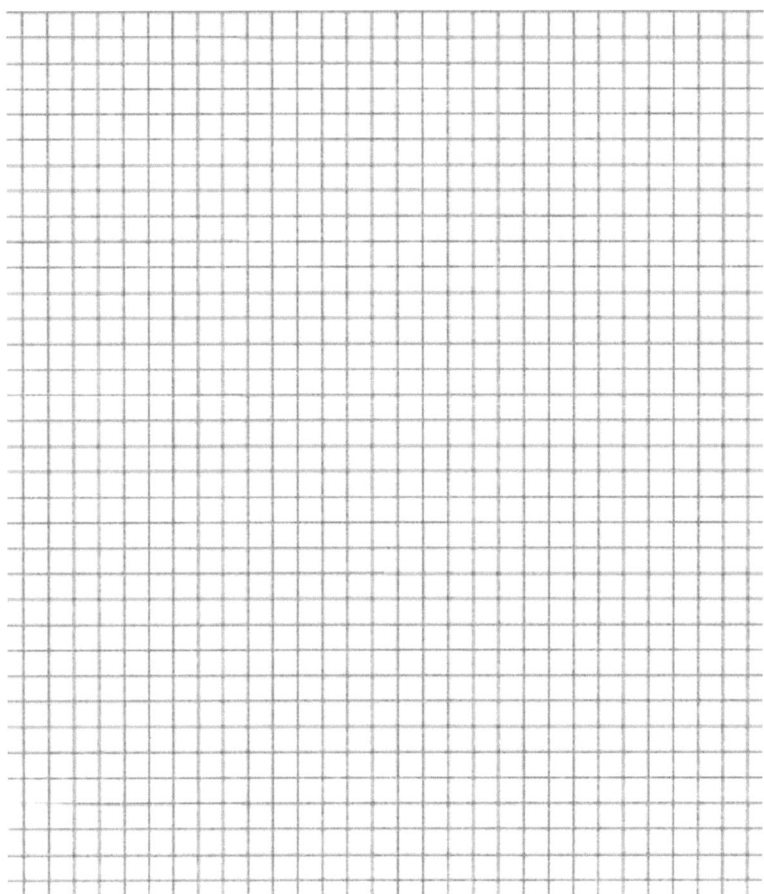

Berechne den Flächeninhalt!

Erste-Hilfe-Station

Die Gesamtfläche setzt sich aus insgesamt 6 Rechtecken zusammen. Diese Rechtecke kannst du berechnen ($A = a \cdot b$) und anschließend addieren!